Ernst Probst

Die Cortaillod-Kultur

Eine Kultur der Jungsteinzeit
vor etwa 4.000 bis 3.500 v. Chr.

Widmung

*Den Prähistorikern
Dr. Albert Hafner in Bern,
Dr. Jürg Rageth in Haldenstein,
Professor Dr. Elisabeth Schmid (1912–1994) in Basel
und Dr. René Wyss in Zürich gewidmet,
die mich bei meinen Büchern über die Steinzeit und Bronzezeit
unterstützt haben*

Impressum
Die Cortaillod-Kultur
1. Auflage als Printbuch: Dezember 2020
Autor: Ernst Probst
Im See 11, 55246 Mainz-Kostheim
Telefon: 06134/21152
E-Mail: ernst.probst (at) gmx.de
Herstellung: Amazon Distribution GmbH, Leipzig
Alle Rechte vorbehalten
ISBN: 979-8-587-25385-8

Inhalt

Vorwort / Seite 5

Seeufersiedlungen und Steinkistengräber / Seite 7

Anmerkungen / Seite 58

Literatur / Seite 59

Der Autor / Seite 63

Bücher von Ernst Probst / Seite 65

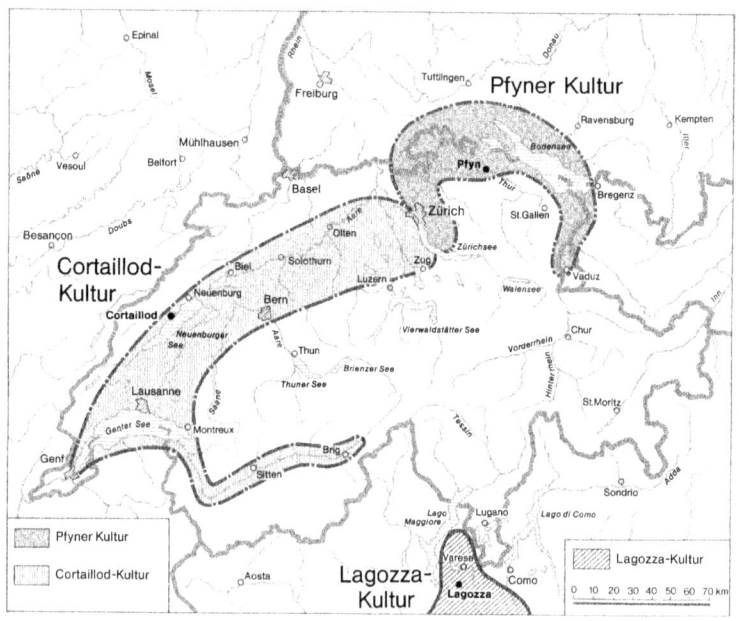

*Verbreitung der Cortaillod-Kultur und der Pfyner Kultur
in der Schweiz.
Karte von Adolf Böhm
für das Buch „Deutschland in der Steinzeit" (1991)
von Ernst Probst*

Vorwort

Mit einer Kultur der Jungsteinzeit, die ungefähr ein halbes Jahrtausend lang in etlichen Kantonen der Schweiz heimisch war, befasst sich das Taschenbuch „Die Cortaillod-Kultur". Hinterlassenschaften dieser Kultur aus der Zeit vor etwa 4.000 bis 3.500 v. Chr. kennt man aus den Kantonen Genf, Waadt, Neuenburg, Freiburg, Wallis, Bern, Solothurn, Aargau, Luzern und Zürich. Die bis zu 1,60 Meter großen Cortaillod-Leute wohnten in Kleinhäusern, die oft an Seen, seltener auf Bergen lagen. Sie betrieben Ackerbau, Viehzucht, Töpferei, Tauschhandel, Jagd und Fischfang, buken Brot und Brei-Konserven, kämmten sorgfältig ihre Haare, schmückten sich gerne, führten Schädeloperationen durch, stellten Werkzeuge und Waffen aus Stein, Holz, Knochen und Geweih her, importierten Kupferäxte, waren mit Pfeil und Bogen bewaffnet, schufen Felsbilder mit betenden Menschen und Sonnensymbolen, stellten imposante Menhire auf und bestatteten ihre Toten unverbrannt in engen Steinkistengräbern.

Der Prähistoriker Emil Vogt (1906–1974) aus Zürich prägte 1934 den Begriff Cortaillod-Kultur.
Foto: Schweizerisches Landesmuseum, Zürich

Seeufersiedlungen und Steinkistengräber

In den Kantonen Genf, Waadt, Neuenburg, Freiburg, Wallis, Bern, Solothurn, Aargau, Luzern und Zürich war von etwa 4.000 bis 3.500 v. Chr. die Cortaillod-Kultur verbreitet. Dieser 1934 von dem Zürcher Prähistoriker Emil Vogt (1906–1974) geprägte Begriff leitet sich von einer Seeufersiedlung in Cortaillod am Westufer des Neuenburger Sees in der Westschweiz ab. Sie wurde 1922 durch den Prähistoriker Paul Vouga (1880–1939) aus Neuenburg untersucht.
Wegen gewisser Übereinstimmungen zwischen der Keramik der Cortaillod Kultur, der südfranzösischen Chassey-Kultur[1] (etwa 4.600 bis 3.500 v. Chr.) und der norditalienischen Lagozza-Kultur[2] (etwa 3.900 bis 3.400 v. Chr.) spricht man von der westeuropäischen Chassey-Lagozza-Cortaillod-Kultur.
Die Cortaillod-Kultur wird von den Prähistorikern in vier Abschnitte eingeteilt: frühes Cortaillod (etwa 4.000 bis 3.850 v. Chr.), älteres oder klassisches Cortaillod (etwa 3.850 bis 3.700 v. Chr.), mittleres Cortaillod (etwa 3.700 bis 3.600 v. Chr.) und spätes Cortaillod (etwa 3.600 bis 3.500 v. Chr.). Diese Abschnitte lassen sich so exakt datieren, weil aus vielen Seeufersiedlungen Reste von Bauholz vorliegen, deren Fälldatum und somit auch die Bauzeit mit Hilfe der Dendrochronologie ermittelt werden können. Denn das Holz ist sicher bald nach dem Fällen verwendet worden.
Die Cortaillod-Kultur fiel in die Übergangszeit vom Atlantikum zum Subboreal. Das Klima war zunächst noch wärmer als heute, aber im Laufe der Zeit unbeständiger und mehr immer durch kühle, regnerische Sommer gekennzeichnet, was zur

Zum schweizerischen Neolithikum.

Wie fast überall, ist die Erforschung der jüngeren Steinzeit eines der schwierigsten Kapitel auch der schweizerischen Urgeschichte. Es ist deshalb nicht zu verwundern, wenn die Ansichten, die in der Fachliteratur geäußert werden, recht verschieden ausfallen. Sie stützen sich meistens auf die neuesten Bearbeitungen dieses Gebietes von Vouga[1] und Reinerth[2]. Gespräche mit Fachkollegen haben mir gezeigt, wie wenig das Bild, das man sich über die Jungsteinzeit der Schweiz macht, der Wirklichkeit entspricht, besonders da einerseits die ausgezeichneten Resultate Vougas für die Westschweiz kulturgeschichtlich noch viel zu wenig ausgenützt sind und anderseits das Buch Reinerths über die jüngere Steinzeit der Schweiz als nicht mehr den Tatsachen entsprechend bezeichnet werden kann. Ich glaube mich berechtigt, zu diesen Problemen einiges beitragen zu können, da ich seit mehreren Jahren damit beschäftigt bin, das großenteils unpublizierte Material der schweizerischen Steinzeitfundstellen zu sammeln und zu sichten. Diese Arbeit ist zwar noch nicht abgeschlossen, ich halte es aber aus verschiedenen Gründen für angebracht, jetzt schon folgendes herauszustellen:

Zunächst ist zu klären, mit welcher Betrachtungsweise man an die Funde herantritt. Die ältere, allerdings auch heute noch nicht ganz

---
[1] P. Héléna, La stratigraphie de la Grotte de la Crouzade. Toulouse 1928, 46.
[2] E. Peters, Die Buttentalhöhle an der Donau. Bad. Fundber. 3. 1933. 13.

*Beginn des Artikels „Zum schweizerischen Neolithikum"
des Prähistorikers Emil Vogt,
in dem er 1934 den Begriff Cortaillod-Kultur
erstmals verwendete.*

*Ausschnitt aus dem Artikel „Zum schweizerischen Neolithikum"
des Prähistorikers Emil Vogt,
in dem er 1934 den Begriff Cortaillod-Kultur erstmals verwendete.
Die Fotos zeigen Keramik der Cortaillod-Kultur.*

Pfahlfeld aus der Spätbronzezeit bei Les Esserts nahe Cortaillod am Neuenburger See.
Durch eine Juragewässerkorrektion wurde der Wasserspiegel des Sees um mehr als 2 Meter gesenkt und gab viele Fundorte frei. Am Seeufer entdeckte man mehrere Fundstellen aus der Jungsteinzeit (La Fabrique bzw. Le Vivier, Petit Cortaillod, Les Cotes, La Tuillière), Bronzezeit und Eisenzeit.
La Fabrique bzw. Le Vivier sind bereits erodiert.
Petit Cortaillod gilt mit einer Oberfläche von 300 x 60 Meter und einer Kulturschicht von 0,60 bis 1,25 Meter als der größte und ergiebigste Fundort.
Les Côtes war bereits 1880 fast vollständig ausgewaschen.
In La Tuillière barg man grosse Silizes und Steinbeile.
Foto: Aufnahme eines unbekannten Fotografen

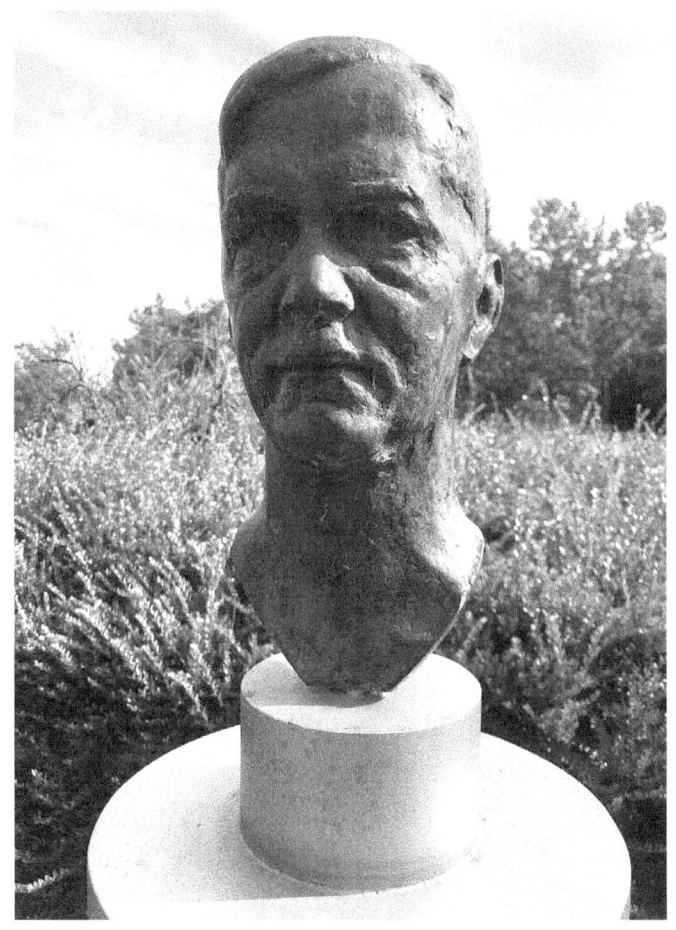

Büste des Prähistorikers Paul Vouga (1880–1939) aus Neuenburg,
der 1922 die Seeufersiedlung Cortaillod
im Kanton Neuenburg untersuchte.
Foto: Medeve / CC BY-SA 4.0,
lizensiert unter Creative-Commons-Lizenz by-sa-4.0-en,
https://creativecommons.org/licenses/by-sa/4.0/legalcode

*Abbildung eines Wels
in H. G. Seeley: „Fresh-Water Fishes of Europe:
a History of their Genera, Species, Structure, Habits,
and Distribution", London 1886.
Solche imposanten Fische
schwammen zur Zeit der Cortaillod-Kultur
im Bieler See (Kanton Bern).
Zeichnung: (via Wikipedia Commons),
Lizenz: gemeinfrei (Public domain)*

sogenannten Piora-Schwankung[3] zwischen etwa 4.200 und 3.900 v. Chr. führte. In dieser Zeit kam es in über 1.850 Meter Höhe in den Alpen zu einigen kleinen Gletschervorstößen.

Das Bild der Landschaft wurde am Südfuß des Jura durch Eichen-Buchen-Wälder, in höheren Lagen des Jura durch Weißtannenwälder, im Mittelland durch Buchen-Eichen-Wälder und in den mittleren Lagen der Ostschweiz durch Fichten-Weißtannen-Wälder geprägt. In der Umgebung der Siedlungen waren Erlenwälder stark verbreitet. Die ursprünglichen Wälder sind damals durch den Menschen gebietsweise schon erkennbar gerodet worden.

Die Funde in den Siedlungen belegen, dass im Bieler See (Kanton Bern) zu dieser Zeit Hechte, Flussbarsche, Brachsen und Welse gefangen wurden. Die Welsreste von Twann am Bieler See stammten von einem etwa 1,60 Meter langen Exemplar. Besonders prächtige Welse können maximal 2,50 Meter lang werden. Weitere Bewohner des Bieler Sees waren Biber und Fischotter.

An diesem See lebten aber auch Kormorane, Grau-, Purpur- und Silberreiher, Stock-, Spieß-, Krick- oder Knäk-, Tafel-, Samt- und Schellenten, Gänsesäger, Haselhühner, Kraniche, Mantelmöven und Ringeltauben. Außerdem gab es dort Fisch- und Seeadler, Schwarzmilane, Sperber, Habichte, Mäusebussarde, Wanderfalken, Waldkäuze, Eichelhäher, Rabenkrähen und Kolkraben.

Auch vom Burgäschisee (Kanton Bern) sind Reste einer reichen Vogelwelt bekannt. Demnach lebten dort Krick-, Reiher-, Tafel-, Moor- und Schellenten, Gänsesäger, Grau- oder Saatgänse, Kraniche, Zwergtaucher, Teichhühner, Blässhühner, Mäusebussarde, Wespenbussarde, Schwarzmilane, Schlangenadler, Waldkäuze und Rabenkrähen.

In der Umgebung des Bieler Sees fand man Überreste von Rothirsch, Reh, Gämse, Elch, Wildpferd, Braunbär, Dachs, Luchs, Wildkatze, Marder, Iltis, Eichhörnchen, Gelbhalsmaus, Hase und Igel.

Nach den Skelettresten aus dem Gräberfeld von Chamblandes bei Lausanne im Kanton Waadt zu schließen, wurden die männlichen Cortaillod-Leute nur bis zu 1,60 Meter groß. Die Frauen waren sogar noch einige Zentimeter kleiner. Diese Menschen erreichten zumeist kein hohes Alter. So wiesen beispielsweise die im Gräberfeld von Lenzburg (Kanton Aargau) Bestatteten nur ein Durchschnittsalter von 21 Jahren auf. Allerdings wirkte sich auf diesen statistischen Durchschnitt vor allem die hohe Säuglingssterblichkeit aus.

In manchen Fällen konnten Anthropologen an den Skelettresten Spuren von Krankheiten feststellen. Etliche der im Gräberfeld Barmaz I (Kanton Wallis) beerdigten Menschen beispielsweise hatten zu Lebzeiten unter Karies gelitten, die mit Zahnausfall und Abszessen verbunden war. Der geschädigte Zahnschmelz einer Frau von diesem Gräberfeld zeigt, dass sie in der Kindheit wiederholt unter Ernährungsmangel oder Infektionskrankheiten litt. Von den Jugendlichen aus diesem Gräberfeld wurden bei dreien Karies und bei vieren Ansätze von Zahnstein festgestellt.

Bei einer jungen Frau vom benachbarten Gräberfeld Barmaz II hatte man offenbar kurz vor oder nach dem Tode in Nähe der Augenhöhle eine Schädeloperation (Trepanation) vorgenommen. Die Knochenränder der Öffnung weisen keine Heilungsspuren auf. Bei einer Erwachsenen von Barmaz II hatte Rheuma zu Nackenarthrose geführt. Von den sechs in Barmaz II bestatteten Kindern hatten zwei Zahnstein und zwei andere einen schadhaften Zahnschmelz, der von Ernährungsstörungen oder Infektionskrankheiten herrühren dürfte.

Die Angehörigen der Cortaillod-Kultur errichteten ihre Siedlungen in der Regel an den Ufern von Seen, seltener fernab von Gewässern auf Anhöhen. Seeufersiedlungen kennt man vom Genfer See, Neuenburger See, Bieler See, Lobsiger See, Moosseedorfsee, Burgäschisee, vom ehemaligen Wauwiler See, Baldegger See, Zürichsee und Greifensee. Eine Höhensiedlung wurde auf dem Hügelzug Heidnischbühl [4] zwischen Raron und Saint-Germain über der Rhoneebene im Kanton Wallis entdeckt. Zu ihr gehörten nur wenige Häuser. Dass die Cortaillod-Leute zuweilen auch natürliche Unterschlüpfe aufsuchten, zeigen Siedlungsspuren aus einer Halbhöhle bei Chavannes-Le-Chêne (Kanton Waadt) im Vallon des Vaux. Zu den ältesten Siedlungen der Cortaillod-Kultur gehört die Fundstelle Kleiner Hafner in Zürich. Die Hinterlassenschaften dieser Siedlung am Zürichsee wurden innerhalb eines Schichtpaketes geborgen, das sich über Funden der vorhergehenden Egolzwiler Kultur (etwa 4.500 bis 4.000 v. Chr.) befand. Das sogenannte Schichtpaket 4 mit den Schichten A, B, C und D repräsentiert mehrere Dörfer der frühen Cortaillod-Kultur um 4.000 v. Chr.
Die Cortaillod-Schichten wurden durch eine fundlose Seekreideschicht von den darunterliegenden Egolzwiler Schichten getrennt. Die Seekreideschicht beweist, dass der Wasserspiegel des Zürichsees angestiegen war und das ehemalige Siedlungsareal von den Egolzwiler Leuten aufgegeben werden musste. Später, nach dem Sinken des Wasserspiegels, konnte es dann von den Menschen der Cortaillod-Kultur wieder besiedelt werden.
Die noch höher gelegenen Siedlungsspuren aus der Schicht 4 E vom Kleinen Hafner sind auf etwa 3.950 bis 3.750 v. Chr. datiert worden. Die Reste dieser Keramik aus der Ostschweiz unterscheiden sich nun bedeutend weniger von den Hinter-

*Die Angehörigen der Cortaillod-Kultur
errichteten ihre Siedlungen (sogenannte Pfahlbauten) gern an Seeufern.
Überholte Darstellung eines 1854 am Zürichsee
entdeckten Pfahlbaues auf einer Plattform aus einem Buch
des Zürcher Prähistorikers Ferdinand Keller (1800–1881).*

„Pfahlbauer" auf einem Bild
des Schweizer Historienmalers
Karl Jausin (1842–1904).
Bild: (via Wikimedia Commons),
Lizenz: gemeinfrei (Public domain)

*Gemälde „Die Pfahlbauerin"
des Schweizer Malers Albert Anker (1831–1910)
im „Musée de Beaux-Arts, La Chaux-de-Fonds".
Bild: (via Wikimedia Commons),
Lizenz: gemeinfrei (Public domain)*

*Darstellung eines Pfahlbaues in der Schweiz
in dem Artikel „Early Colonist of the Swiss Lakes"
des Arztes und Naturforschers
François-Alphonse Forel (1841–1912)
in „Popular Science Monthly", New York, 1884*

*Rest eines Geflechtes aus Port bei Nidau im Kanton Bern.
Länge etwa 16 Zentimeter.
Original im Bernischen Historischen Museum.
Foto: Bernisches Historisches Museum*

lassenschaften der klassischen Cortaillod-Kultur aus der Westschweiz. Daher wird eine zumindest teilweise Gleichzeitigkeit mit ihr vermutet. Am Zürichsee und auch am Greifensee existierten nach 3.750 v. Chr. keine Siedlungen der Cortaillod-Kultur mehr.

Die Funde aus der etwa einen Meter mächtigen Kulturschichtabfolge von Twann am Bieler See (Kanton Bern) stammen von Siedlungen zwischen etwa 3.840 und 3.530 v. Chr. Sie gehören demnach dem älteren bzw. klassischen, mittleren und späten Cortaillod an. Etwas jünger sind die Siedlungsschichten von Sur-le-Grand-Pré[5] in Saint-Léonard (Kanton Wallis). Die älteste Datierung reicht bis etwa 3.700 v. Chr., die jüngste bis 3.450 v. Chr. Demnach haben diese Siedlungen im mittleren und späten Cortaillod bestanden.

Manche der Seeufersiedlungen wurden offensichtlich aus Schutzbedürfnis mit Palisaden versehen. Bei Ausgrabungen in der Seeufersiedlung Burgäschisee-Süd (Kanton Bern) unter Leitung des Berner Prähistorikers Hans-Georg Bandi (1920–2016) wies man eine dichte Pfostenreihe aus Eichenstämmen von 49 Meter Länge nach. Sie bogen an beiden Seiten rechteckig zum Ufer hin ab. Für den Bau dieser Pfostenreihe benötigte man etwa 400 Pfosten von ca. zwei Meter Länge. Der Zutritt ins Innere der Siedlung erfolgte durch zwei Eingänge.

In Burgäschisee-Ost hatten die Häuser der Cortaillod-Leute rechteckige Grundrisse von maximal 12 x 7 Metern. Die Außenwände wurden durch Holzpfosten gebildet, deren Abstände man mit Flechtwerk füllte. Das Dach dürfte mit Schilf gedeckt worden sein. Der Fußboden bestand aus Holzbohlen oder Rutenlagen mit darüber ausgebreiteten Rindenbahnen, die das Eindringen von Feuchtigkeit verhinderten.

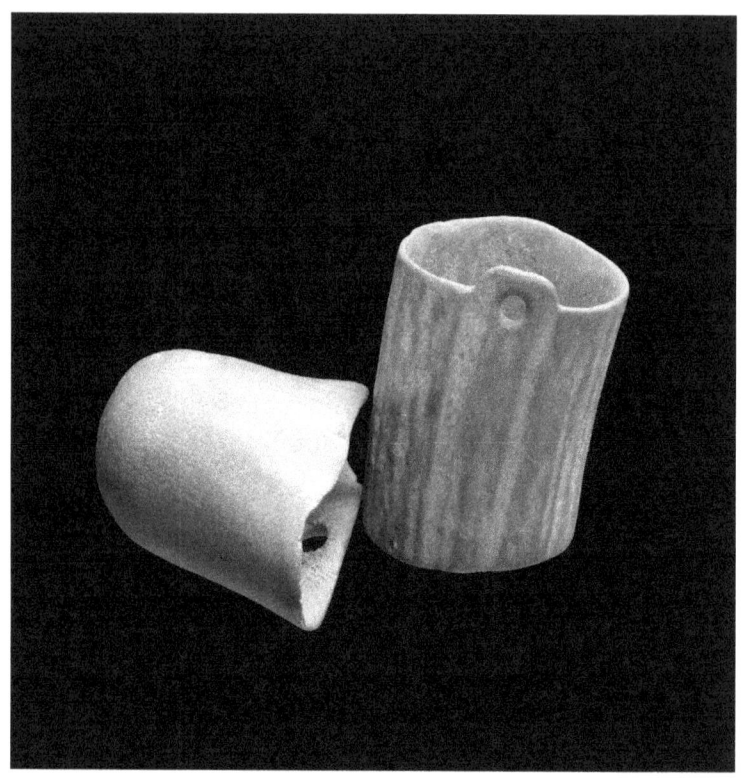

Kleine Becher aus Hirschgeweih.
Foto: Rama / CC BY-SA 2.0 fr (via Wikimedia Commons),
lizensiert unter Creative-Commons-Lizenz by-sa-2.0-fr,
https://creativecommons.org/licenses/by-sa/2.0/fr/legalcode

Geflechte aus Binsen, anderen Gräsern, Haselruten und vielleicht auch Bastmatten gestalteten die Räume wohnlicher. Der Rest einer aus Birkenrinde geflochtenen Matte kam in der Seeufersiedlung Moosseedorf (Kanton Bern) zum Vorschein. Zum Mobiliar gehörten außerdem Rutenmatten. Bei Dunkelheit hat man den Wohnraum mit Lampen aus tönernen Hohlringen mit Aufsätzen für die Dochte beleuchtet. Die Lampen wurden mit Talg als Brennmaterial gefüllt. Zusammengerollte Birkenrinde, die man anzündete, besaß die Funktion von Kerzen. Vielleicht dienten auch Hirschgeweihbecher, wie man sie bei Ausgrabungen in nahezu allen Cortaillod-Siedlungen fand, als Lampen. Das ist zumindest eine der verschiedenen Deutungen für diese eigenartigen Becher.

Zu besonders interessanten Erkenntnissen über das Siedlungswesen der Cortaillod-Leute gelangte man bei den zehnjährigen Untersuchungen des Schweizerischen Landesmuseums in Zürich am Wohnplatz Egolzwil 4, der einst unmittelbar am ehemaligen Ufer des Wauwiler Sees lag. Dort waren im Laufe der Zeit nacheinander sechs Dörfer errichtet worden, deren Baugeschichte der Zürcher Prähistoriker René Wyss erforscht hat. Im kaum zur Hälfte freigelegten Dorf 1 fand man die Überreste von sechs Häusern mit sieben mehrschichtigen Herdkomplexen. Dagegen ist die landeinwärts leicht versetzte Häuserzeile von Dorf 2 in ihrer vollen Ausdehnung untersucht worden. Zu ihm gehörten mindestens neun Häuser. Zu ihrer tragenden Konstruktion gehörten Pfähle, deren unteres Ende dachförmig zugespitzt und in den Untergrund gerammt worden war. Von einstigen Herden in den Behausungen zeugen Fundstellen mit acht oder mehr Lehmbelägen. Gelegentlich waren diese so schwer geworden, dass der instabile Baugrund der Belastung nicht mehr standhielt

*Luftbild von Egolzwil im Kanton Luzern
vom 14. September 1950.
Foto: Werner Friedli (1910–1996),
Bildnummer Bestand: H1-013593 / CC BY-SA 4.0,
lizensiert unter Creative-Commons-Lizenz by-sa-4.0-en,
https://creativecommons.org/licenses/by-sa/4.0/legalcode*

und die Herdplatten einbrachen. Das Dorf 2 ist nach einer nicht genau bekannten Anzahl von Jahren verlassen worden. Dorf 3 wurde von neuen Siedlern leicht landseitig versetzt errichtet. Es bestand aus acht Kleinhäusern von etwa vier Meter Länge und ebensolcher Breite. Im Gegensatz zu den beiden früheren Dörfern versah man nun die Häuser mit Fußböden, die geringfügig vom feuchten Baugrund abgehoben wurden, indem man Holzstangen in regelmäßigen Abständen verlegte und dazwischen Reisig und Ruten ausbreitete. Zur Ausstattung dieser Kleinhäuser gehörte eine nicht sehr große Feuerstelle. Gebäude mit langschmaler Form ohne Feuerstelle deutet man als Wirtschaftsräume.

Der Innenraum der Wohnhäuser von Dorf 3 bot nach Abzug der Feuerstelle und der Eingangszone allenfalls 15 Quadratmeter Fläche zum Kochen und Schlafen. Eine fünfköpfige Familie musste demnach bereits unter sehr beengten Wohnverhältnissen leben. Die geringe Fläche der Häuser nötigte die Bewohner dazu, gewisse Arbeiten in einem eigenen Wirtschaftsgebäude vorzunehmen, in dem auch landwirtschaftliche Geräte aufbewahrt und Vorräte gelagert wurden. Das Dorf 3 wurde nach etlichen Jahren erneuert.

Dorf 4 war eine Reihensiedlung mit sieben Kleinhäusern. Wie zuvor im Dorf 3 umgab auch im Dorf 4 ein Zaun aus geflochtenen Ruten die Siedlung. In das Dorf gelangte man über einen mit Astwerk abgedeckten Weg, der ebenfalls mit einem Zaun eingefriedet war. Beide Dörfer besaßen zudem einen an ihren östlichen Rand angefügten Platz für das Vieh. Die Zahl der in diesen Siedlungen lebenden Menschen wird auf 30 bis 40 Personen geschätzt. Die Dörfer 3 und 4 sind – nach den Feuerstellen und Bodenbelägen zu schließen – zusammen nicht viel länger als 15 Jahre bewohnt gewesen.

*Luftbild des Wauwilermoos bei Egolzwil im Kanton Luzern
vom 18. September 1950.
Foto: Werner Friedli (1910–1996),
Bildnummer Bestand: H1-013593 / CC BY-SA 4.0,
lizensiert unter Creative-Commons-Lizenz by-sa-4.0-en,
https://creativecommons.org/licenses/by-sa/4.0/legalcode*

Es folgte eine relativ kurze Unterbrechung der Besiedelung, nach der neuankommende Cortaillod-Leute das Dorf 5 gründeten. Sie übernahmen die noch erkennbare Dorfordnung hinsichtlich Zugang, Einfriedung, Orientierung der Häuser und Lage des Viehplatzes, bauten aber Langhäuser ganz anderer Art. Bei der Errichtung der Behausungen traf man mit Hilfe von Stangen Vorkehrungen gegen das Absenken des Bodens. Auf den Fußboden wurde ein Stangenrost gelegt, der als Träger für den eigentlichen Bodenbelag aus verschnürten Rutenmatten oder Rindenbahnen diente. Einräumige Wohngebäude hatten eine Herdplatte, zweiräumige von zehn und mehr Meter Länge sogar deren zwei. Vereinzelt ist bei den Herden der Stangenboden ausgespart worden. Die Herdplatte aus Lehm ruhte auf kräftigen, einzeln verlegten Rundhölzern sowie einer verschnürten Matte aus Haselruten. Diese Konstruktion hatte den Vorteil, dass der Hausboden von Senkungen der Feuerstelle unberührt blieb. Solche waren unvermeidlich, da die Herdplatten wiederholt mit neuen Lehmschichten versehen wurden. Bei einem Herdkomplex im Haus 3 ließen sich beispielsweise 13 Schichten feststellen. Das Großhäuserdorf 5 setzte sich aus mindestens sieben gleichzeitig vorhandenen Gebäuden zusammen, in denen schätzungsweise 30 bis 50 Einwohner lebten. Der First dieser Gebäude war zum See gewandt. Später kamen zwei Stangenhäuser mit quer gestelltem First dazu, die zu unterschiedlicher Zeit errichtet worden sind. Im Dorf 5 gab es auch Wirtschaftsgebäude, die unter anderem am Fehlen einer Herdstelle erkennbar waren. In einem der Wirtschaftsgebäude wurden zwischen und unter den Bodenstangen große Mengen von Puppen einer Fliegenart entdeckt, die sich bevorzugt von Stallmist ernährt. Demnach sind in diesem Gebäude zumindest zeitweise Haustiere gehalten worden. Viehhaltung unter freiem

Von Wölfen angegriffener Auerochse.
Zeichnung des Berliner Tiermalers Heinrich Harder (1868–1935).

Himmel wird durch einen Viehstandplatz im östlichen Dorfareal belegt. Zwischen den Holzstangen, mit denen der Boden abgedeckt worden war, fand man massenweise Chitinpanzer von Puppen der Stallfliege. Der Platz wurde gegen das Land hin durch einen solide gebauten Zaun begrenzt, der die Siedlung bogenförmig umspannte. Er bestand aus gegenläufig zwischen drei stehende Pfosten eingespannten Ruten und musste nach einer gewissen Zeit erneuert werden. Zum Viehlager gelangte man vom Dorfeingang den Zaun entlang über einen massiven Weg aus Stangen und Bohlen. Auch zum Dorf selbst führte ein Prügelweg. Am Eingang gab es ein 90 Zentimeter breites Tor, dessen Drehbalken in einer Schwelle eine deutliche Eintiefung hinterließ.
Ähnlich gestaltet wie Dorf 5 war offenbar das Nachfolgedorf 6. Dessen Reste sind durch den Abbau von Torf großteils zerstört. Die Dörfer 1 bis 6 hatten jeweils eine annähernd gleiche Zahl von sechs bis neun Wohnhäusern und 30 bis 50 Bewohnern. Wenn man alle Aufenthalte zusammenrechnet und die Unterbrechungen der Besiedlung nicht berücksichtigt, haben sich die Cortaillod-Leute etwa 50 Jahre lang am Wohnplatz Egolzwil 4 aufgehalten.
Welche Wildtiere von den Cortaillod-Leuten zur Strecke gebracht wurden, zeigen Jagdbeutereste aus der erwähnten Seeufersiedlung Burgäschisee-Süd. Von dort kennt man Knochenreste vom Auerochsen, Rothirsch, Reh, Wildschwein, Biber und von der Stockente. In manchen Siedlungen stammen mindestens 30 Prozent der Knochenfunde von Wildtieren. Die Jagd hatte demnach ihre Bedeutung noch nicht ganz verloren. Als Jagdwaffen standen Pfeil und Bogen sowie bumerangähnliche Wurfhölzer zur Verfügung.
Die Bewohner von Seeufersiedlungen haben natürlich auch Fischfang betrieben. Darauf weisen Angelhaken aus Knochen,

*Aus Hirschgeweih geschnitzte Harpune
vom Fundort Egolzwil 2
im Kanton Luzern.
Länge 19,4 Zentimeter.
Original im Natur-Museum Luzern.
Foto: Naturmuseum Luzern*

Netzreste und Netzschwimmer aus Rinde hin. Überdies ist Fischfang durch Harpunen aus Lamellen von Hirschgeweihstangen belegt.
Vom Ackerbau zeugen Reste von Gerste, Hirse, Erbsen und Linsen in Siedlungen der Cortaillod-Kultur. Weitere Belege für den Anbau und die Weiterverarbeitung von Getreide sind Pflugspuren auf dem Heidnischbühl bei Raron, Feuersteinsicheln mit Holzschaft sowie Mahlsteine. Hölzerne Hechelkämme für Hanf und Flachs weisen auf den Anbau dieser beiden Pflanzenarten hin.
Die Bauern der Cortaillod-Kultur hielten Rinder, Schweine, Ziegen und Schafe als Haustiere. Auch der Hund gehörte zu manchen Haushalten. Reste vom Rind, Schwein, Schaf und von der Ziege hat man beispielsweise in der Seeufersiedlung Burgäschisee-Süd geborgen. Die Ziegen von diesem Fundort tragen säbelartige Hörner.
Aufsehenerregende Entdeckungen gelangen dem Brotforscher Max Währen (1919–2008) aus Bern, als er die an über 100 Scherben von Tongefäßen anhaftenden Speisereste und andere Getreideprodukte aus der Seeufersiedlung Twann untersuchte. Dabei konnte er an Tonscherben aus der Zeit um 3.800 v. Chr. den ältesten bekannten Breifladen nachweisen. Interessante Funde glückten ihm auch aus der Zeit um 3.700 v. Chr. Hierzu zählen ein in einer Herdmulde gebackenes, schon gesäuertes Brot, außerdem das älteste auf der Herdfläche durch Überdecken mit Asche gebackene gesäuerte Gerstenbrot sowie drei verschiedene Arten von Getreide-, Getreideschrot- und Brei-„Konserven". Diese Konserven wurden auf erhitzten Kieselsteinen bis zu acht Zentimeter Größe getrocknet und gebacken. Gebacken deshalb, weil der Breiteig bereits gesäuert war und Poren bildete. Solche Konserven von fester Mehlsuppe und -brei erleichterten die Arbeit der Hausfrau genauso wie

*Pflügender Ackerbauer der Cortaillod-Kultur
auf dem Heidnischbühl bei Raron im Kanton Wallis.
Dort wurden Pflugspuren entdeckt.
Zeichnung von Fritz Wendler (1941–1995)
für das Buch „Deutschland in der Steinzeit" (1991)
von Ernst Probst*

Brot aus der Zeit zwischen 3.560 unf 3.530 v. Chr.
von Twann im Kanton Bern.
Durchschnittlicher Durchmesser 7 Zentimeter,
Höhe 1,5 bis 2,4 Zentimeter, Gewicht 25,2 Gramm.
Original im Archäologischen Dienst des Kantons Bern.
Foto: Max Währen (1919–2008), Bern

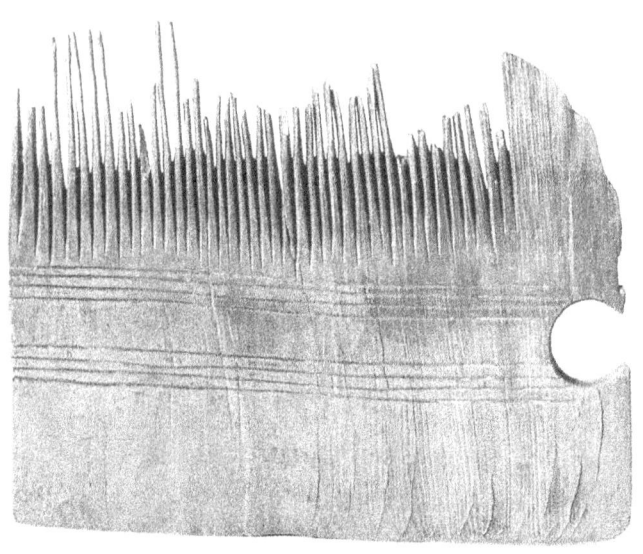

*Kamm aus Eibenholz vom Fundort Egolzwil 5
im Kanton Luzern.
Länge 13 Zentimeter.
Original im Natur-Museum Luzern.
Foto: Natur-Museum Luzern*

heute der Suppenwürfel oder der Plastikbeutel mit kochfertiger Suppe. Man musste die „Konserven" nur noch ins heiße Kochtopfwasser geben, umrühren und kochen.
Aus der Zeit um 3.600 v. Chr. entdeckte Währen das bisher backtechnisch älteste Urbrot in Form eines gesäuerten Scheibenbrotes und den ältesten noch primitiven Kuchen, der auf einem gewölbten Stück Birkenrinde gebacken worden war. Zu den bemerkenswertesten Funden von Twann gehörte nicht zuletzt ein aus der Zeit zwischen etwa 3.560 bis 3.530 v. Chr. hergestelltes Brot, das als das älteste vollständige Brot der Welt gilt. Sein heutiger Durchmesser beträgt durchschnittlich sieben Zentimeter. Im Frischzustand hatte es vielleicht einen Durchmesser von etwa 16 bis 17 Zentimetern und ein Gewicht von etwa 250 Gramm.
Dass die damaligen Menschen bereits eine gewisse Körperpflege betrieben, zeigen Funde von Kämmen aus Knochen, Holz, Gerten oder Birkenrinde. Schmuck wurde aus organischem Material (Samen, Tierzähnen), aber auch aus dem noch seltenen Kupfer hergestellt.
Manche Schmuckstücke zeugen von beachtlicher Erfindungsgabe und erstaunlichem Schönheitssinn. So fand man in zwei der insgesamt drei Steinkistengräber von Les Batiments südlich von Saint-Léonard weiße glänzende Perlen, die durch Perforierung von Samen einer Kräuterart geschaffen wurden. Dabei handelt es sich um zwei bis drei Millimeter große Samen des Perlenkrauts oder Blauen Steinsamens *(Lithospermum purpureocoeruleum)*. In jedem der zwei Gräber konnte man etwa hundert solcher Perlen auf Brust und Taille der Bestatteten feststellen. Sie dürften daher auf das Gewand genäht oder an einer Halskette getragen worden sein.
Am Fundort Muntelier/Dorf entdeckte man Anhänger aus durchbohrten Eberhauern und Bärenzähnen. An Halsketten

*Einer der ältesten in der Schweiz gefundenen Metallgegenstände:
der 1901 in Font (Kanton Freiburg) entdeckte Anhänger
aus dickem Kupferdraht in Form einer Doppelspirale.
Länge und Breite etwa 10 Zentimeter.
Original im Kantonalen Archäologischen Dienst, Freiburg.
Foto: Kantonaler Archäologischer Dienst, Freiburg (Schweiz).*

wurden auch Kupferperlen aufgereiht. Derartigen Schmuck hat man beispielsweise in der Seeufersiedlung Burgäschisee-Süd geborgen. Die Kupferperlen stammen vielleicht aus eigener Produktion. Man könnte sie aus Kupferstangen hergestellt und dann zu Perlen gebogen haben. Die Perlen und Beile aus Kupfer der Cortaillod-Kultur ähneln denjenigen aus der zeitgleichen Pfyner Kultur (etwa 4.000 bis 3.500 v. Chr.). Bisher hat man jedoch für die Cortaillod-Kultur noch keine Beweise für Metallschmelzen gefunden. In Font und in der Gegend am Murtensee stieß man auf aus dickem Kupferdraht geschaffene Anhänger in Form einer Doppelspirale. Solche Kupferstücke wurden damals im östlichen Mitteleuropa hergestellt und sind als Importware auch in die Schweiz gelangt.

Mit der Cortaillod-Kultur werden die ältesten der Felszeichnungen am Nordhang der Crête-des-Barmes[6] bei Saint-Léonard in Zusammenhang gebracht. Diese Kunstwerke sind stärker verwittert als die jüngeren aus der Bronzezeit. Die Felszeichnungen zeigen betende Menschen (Adoranten) und konzentrische Kreise, die als Sonnensymbole gelten. Außer diesen etwas unsicher datierten Funden kennt man bisher keine weiteren Kunstwerke dieser Kultur.

Die Töpfer formten tönerne Amphoren, Näpfe und Schüsseln mit rundem Boden, die für die Cortaillod-Kultur spezifischen sogenannten Knickwandschalen, Schöpflöffel und Lampen. Manche Tongefäße verzierte man mit einer Auflage von weißglänzenden Birkenrindenlamellen, die man mit teerartigem Klebstoff auf den Außenwänden befestigte. Die helle Birkenrinde bildete einen wirkungsvollen Kontrast zu den schwarzglänzenden Tongefäßen. Sogar aus Holz wurden Schalen und Tassen geschnitzt.

Die Cortaillod-Leute stellten aus Stein, Holz, Knochen und Geweih unterschiedliche Werkzeuge und Waffen her. Diese

*Aus der Zeit der Cortaillod-Kultur stammt diese Felsgravur
eines baumförmigen Zeichens von Saint-Léonard (Crête-des-Barmes)
im Kanton Wallis.*
Höhe der Darstellung 34 Zentimeter.
Foto: Schweizerisches Landesmuseum, Zürich

Tönerne Schale der Cortaillod-Kultur
von Saint-Léonard, Sur le Grand Pré im Kanton Wallis.
Durchmesser der Mündung 13,8 Zentimeter,
Höhe 1,8 Zentimeter.
Original im Musée cantonal d'archéologie, Sitten.
Foto: Erziehungsdepartement des Kantons Wallis,
Dienststelle für Museen, Archäologie und Denkmalpflege, Sitten,
Foto: Heinz Preisig

*Axt der Cortaillod-Kultur aus Cortaillod
im Kanton Neuenburg.
Foto: Rama / CC BY-SA 2.0 fr (via Wikimedia Commons),
lizensiert unter Creative-Commons-Lizenz by-sa-2.0-fr,
https://creativecommons.org/licenses/by-sa/2.0/fr/legalcode*

wurden zurechtgeschlagen, zugeschliffen und geschnitzt. Außerdem importierte man Kupfergeräte.

Zu den Werkzeugen aus Stein zählen neben den bereits erwähnten Feuersteinsicheln für die Getreideernte auch Meißel, Dechsel, Äxte und Beile aus Felsgestein für die Holzbearbeitung. Die Feuersteinsicheln wurden zurechtgeschlagen. Die Meißel, Dechsel, Axt- und Beilklingen schliff man zu. Die Beilklingen steckten häufig in Geweihtüllen und diese in Holzschäften. Das hatte den Vorteil, dass die Geweihtülle bei Schlägen als Puffer zwischen der Beilklinge und dem Holzschaft wirkte. In Saint-Léonard sind die Werkzeuge und Waffen vorwiegend aus Bergkristall hergestellt worden.

Aus Holz fertigte man neben Schäften für Feuersteinsicheln und für Axt- und Beilklingen auch Löffel, Dreschflegel, Hacken und Hechelkämme für Hanf und Flachs an.

Geweih diente als Rohmaterial für Beile, Hämmer und Hacken, die zu unterschiedlichen Arbeiten benutzt wurden. Bei den Geweihen handelte es sich um im Herbst gesammelte Abwurfstangen von Rothirschen oder um Jagdtrophäen.

Die seltenen kupfernen Flachäxte werden von den Prähistorikern als Importstücke betrachtet, die von den Cortaillod-Leuten eingetauscht wurden.

Dreieckige oder herzförmige Feuersteinpfeilspitzen belegen die Verwendung von Pfeil und Bogen als Fernwaffe bei der Jagd oder für den Kampf. Von den Bögen und den Pfeilschäften selbst hat man überwiegend Reste in fragmentarischem Zustand geborgen. Vielleicht wurden auch die aus Knochen geschnitzten Dolche als Stichwaffen verwendet.

Beim Fischfang setzten die Cortaillod-Leute aus Hirschgeweih geschnitzte Harpunen ein, mit denen man lange Holzschäfte bewehrte. Diese Harpunenspitzen sind bis zu 30 Zentimeter lang, besitzen häufig auf einer Seite vier und auf der anderen

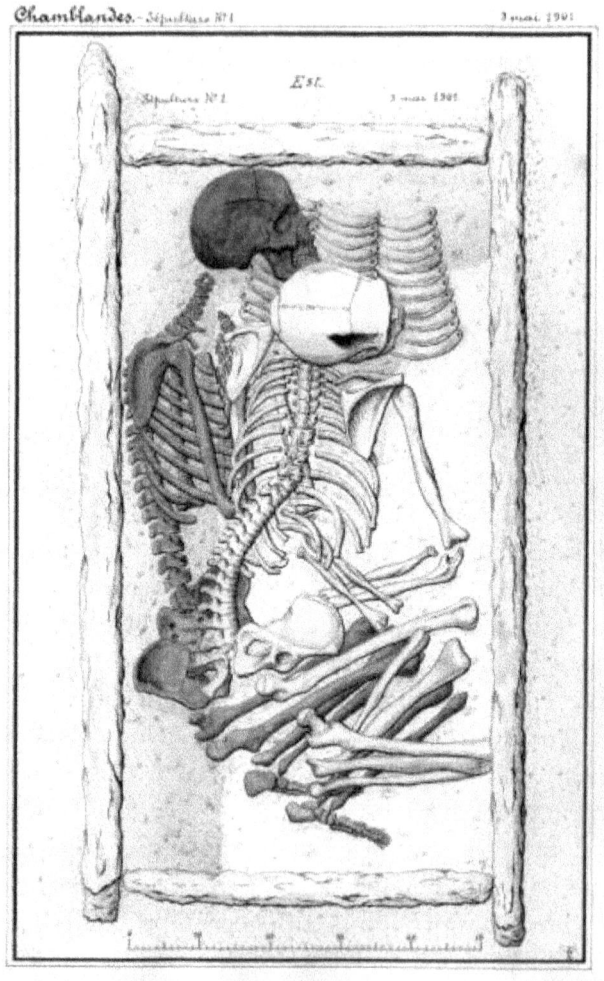

*Darstellung eines Steinkistengrabes vom Typ Chamblandes
in Pully-Chamblandes,
angefertigt durch den Archäologen Albert Naef (1862–1936).
Bild: Musée cantonal d'archéologie et d'historie, Lausanne*

fünf Widerhaken sowie gelegentlich eine runde Öse, durch die man eine Schnur fädelte, mit der man die Spitze am Holzschaft festband. Hirschgeweihharpunen kennt man aus zahlreichen Siedlungen (Autavaux, Burgäschisee-Süd und -Südwest, Egolzwil 2, 3, 4 und 5, Estavayer, Font, Forel, Muntelier, Seematte).

Die Menschen der Cortaillod-Kultur haben ihre Toten unverbrannt in engen Steinkistengräbern bestattet, die offenbar vorzugsweise auf sonnigen Hängen angelegt wurden. Vier zumeist etwa einen Meter lange Steinplatten bildeten die Seitenwände, während eine fünfte Platte als Abdeckung diente. In den vielfach quadratischen Steinkistengräbern bettete man die Verstorbenen mit eng zum Körper hin angezogenen Beinen zur letzten Ruhe. Es hat den Anschein, als seien die Beine manchmal an die Brust geschnürt worden. Auffällig sind die linksseitige Körperlage und die Blickrichtung zur aufgehenden Sonne.

Bestattungen von Neugeborenen und Kleinkindern in Häusern – so in Petit-Chasseur in Sitten (Sion) und in Sur-le-Grand-Pré in Saint-Léonard (beide im Wallis) – deuten auf eine enge Beziehung zwischen den Lebenden und den Toten hin. Auch sonst wurden Jugendliche und Erwachsene nicht selten in unmittelbarer Nähe der Siedlungen bestattet (Les Bâtiments, Sembrancher, Saint-Léonard, Sitten und Sitten-Sous-le-Scex, alle im Kanton Wallis). Man legte aber auch alleinstehende Gräberfelder an, bei denen die dazugehörige Siedlung unbekannt ist. Zu ihnen gehören die Gräberfelder von Barmaz und Collombey (beide im Wallis).

Mit der Cortaillod-Kultur wird auch das seit langem bekannte Gräberfeld von Chamblandes[7] bei Pully am Genfer See im Kanton Waadt in Verbindung gebracht. Die ersten Steinkistengräber in Chamblandes wurden 1880 beim Funda-

*Steinkistengräber des Typs Chamblandes
von Collombey-Murat (Gräberfeld Barmaz I) im Kanton Wallis.
Das Foto entstand bei den Ausgrabungen des Genfer Anthropologen
und Prähistorikers Marc-Rodolphe Sauter (1914–1985).*

*Architekt und Archäologe Albert Naef (1862–1936)
aus Lausanne.
Aufnahme eines unbekannten Fotografen vor 1936*

mentieren eines Hauses entdeckt. Es soll sich um fünf Gräber gehandelt haben. 1881 stieß man in Chamblandes auf weitere Steinkistengräber, die meist ein Skelett, seltener zwei, enthielten. Diese Gräber waren nur etwa einen Meter lang und einen halben Meter breit und tief. 1901 folgten neue Untersuchungen in Chamblandes durch den Architekten und Archäologen Albert Naef (1862–1936) aus Lausanne und Alexander Schenk (1874–1910) aus Lausanne, bei denen etwa ein Dutzend weiterer Steinkistengräber gefunden wurde. Zusätzliche Ausgrabungen und Funde folgten 1905 und 1910. Insgesamt wurden in Chamblandes mehrere Dutzend von Steinkistengräbern nachgewiesen. Man spricht von Steinkistengräbern des Typs Chamblandes. Derartige Steinkistengräber mit Hockerbestattungen waren in der Gegend des Genfer Sees außer in Chamblandes in Verney, Pierra-Portay, Lutry, Le Châtelard-Montreux und im Rhonetal (Ollon, Saint-Triphon, Barmaz) weit verbreitet. Man kennt sie aber auch in anderen Gebieten wie beispielsweise im Raum von Sitten, Granges, Brig bei Glis, Niederried am Brienzer See und Lenzburg.

Auf den eingangs erwähnten Gräberfeldern Barmaz I und II im Wallis wurden insgesamt 56 Steinkistengräber vom Typ Chamblandes aufgedeckt. Diese beiden Friedhöfe hatte man auf Ausläufern der Bellevue-Spitze in 467 bzw. 445 Meter Höhe über dem Rhonetal angelegt. Beide sind etwa 170 Meter voneinander entfernt und liegen in einer Mulde.

Zum Gräberfeld Barmaz I gehörten 36 Steinkistengräber, von denen 30 je eine Bestattung und sechs je zwei Tote enthielten. In allen Fällen wurden vom zweiten Skelett nur Fragmente gefunden. Vielleicht hat man bei den Doppelbestattungen den zweiten Toten in ein bereits benutztes Steingrab gelegt. Die ersten Gräber von Barmaz I wurden Ende des 19. Jahrhunderts beim Abbau von Granit entdeckt. 1947, 1948, 1950 und 1955 führte der Anthropologe und Prähistoriker Marc-Rodolphe Sauter (1914–1983) aus Genf dort Ausgrabungen durch. Da außerhalb der Steinkistengräber auch ein einzelner Oberschenkelknochen geborgen wurde, sind in Barmaz I insgesamt 43 Menschen bestattet worden. Davon waren 21 Erwachsene und 22 Jugendliche. Diese Toten wurden mit wenig Grabbeigaben versehen. Man fand nur einige Tonscherben, Tierknochen, zwei Feuersteinklingen und eine Kalksteinperle.

Das Gräberfeld Barmaz II umfasste 20 Steinkistengräber mit je einem Toten darin. Auf diesen Friedhof war man 1948 nach einer Minenexplosion in einem Steinbruch aufmerksam geworden, als in einer Mulde mit roter Erde zwei Steinkistengräber zum Vorschein kamen. Die beiden Gräber wurden von Marc-Rodolphe Sauter untersucht, der 1948, 1951 und 1953 die Ausgrabungen vornahm.

Interessante Einblicke in das Bestattungswesen der Cortaillod-Leute erlaubte vor allem das Gräberfeld auf dem Goffersberg in Lenzburg (Kanton Aargau). Zu diesem gehörten 16 Steinkistengräber und eine mehrkammerige Großgrabanlage. Auf das Lenzburger Gräberfeld stieß man 1959, als Gärtner beim Errichten einer Mauer für einen Parkplatz hochgestellte Steinplatten und menschliche Knochen fanden. Dies führte 1959 und 1960 zu Ausgrabungen durch die Prähistoriker Rudolf Moosbrugger aus Basel und René Wyss aus Zürich. Mit Ausnahme von Grab 12 enthielten alle Steinkistengräber von Lenzburg die Skelettreste von mehreren Menschen. In Grab 4 traf man beispielsweise sechs Skelette an, in Grab 8 neun, in Grab 9 elf und in Grab 13 sechs. Grab 12 war besonders reich ausgestattet. Vielleicht hatte darin ein Häuptling seine letzte Ruhe gefunden.

*Alignement des Collines mit insgesamt 13 Menhiren
in Sitten (Kanton Wallis).
Foto: vaquins / CC BY-SA 3.0,
lizensiert unter Creative-Commons-Lizenz by-sa-3.0-en,
https://creativecommons.org/licenses/by-sa/3.0/legalcode*

Aus dem Rahmen mutmaßlicher Bestattungen der Cortaillod-Kultur fiel besonders die mehrkammerige Großgrabanlage mit sieben Meter Länge und Breite. Sie bestand aus mindestens elf aneinandergebauten Steinkisten, von denen bis auf eine Ausnahme jede ein Kind enthielt. Die Ausgräber nehmen an, dass es sich hierbei um die Kinder einer einflussreichen Familie handelte.

Manche Prähistoriker vermuten, hinter der Hockerbestattung in den Steinkistengräbern stünden Auferstehungsvorstellungen. Sie verweisen dabei auf die Orientierung der Verstorbenen zur aufgehenden Sonne hin, deuten die Beigabe von Ocker als „Lebensfarbe" und interpretieren die Hockerlage als vorübergehende Schlafstellung. Die vermutete Leichenfesselung oder -umhüllung gilt anderen Prähistorikern als Anzeichen dafür, dass man die Wiederkehr dieser Toten verhindern wollte. Demnach glaubten die Cortaillod-Leute an eine Wiederkehr der Toten, was die spärlichen Grabbeigaben auch nahelegen.

Einige Funde liefern Anhaltspunkte für die religiöse Vorstellungswelt der Cortaillod-Leute. Beispielsweise befinden sich unter der Keramik auch stark fragmentierte Scherben mit plastisch wiedergegebenen Frauenbrüsten. Sie könnten von Kultgefäßen stammen, die bei religiösen Feiern verwendet wurden, bei denen man die „Große Mutter" verehrte. Andererseits deuten die erwähnten Felsbilder von Saint-Léonard mit betenden Menschen und Sonnensymbolen auf einen Sonnenkult hin. Mit einem solchen ließen sich auch die häufig auf sonnigen Hängen errichteten Steinkistengräber und die zur aufgehenden Sonne gewandten Gesichter der Bestatteten gut in Einklang bringen.

Als Zeugnisse eines solchen Kults werden die in einer Reihe aufgestellten 13 Menhire des Alignements des Collines etwa 600 Meter westlich der Cortaillod-Siedlung von Petit-Chasseur

*Vermutlich zu kultischen Zwecken benutztes Tongefäß
mit weiblichen Brüsten als Symbol der Fruchtbarkeit und Ernährung
vom Fundort Kleiner Hafner in Zürich.
Höhe 29 Zentimeter.
Original im Schweizerischen Landesmuseum Zürich.
Foto: Schweizerisches Landesmuseum Zürich*

*Hauptreihe des Alignements von Clendy
in Yverdon-les-Bains im Kanton Waadt,
zu dem ingesamt 45 Menhire und Statuenmenhire gehören.
Foto: Adrien Michael / CC BY-SA 3.0,
lizensiert unter Creative-Commons-Lizenz by-sa-3.0-en,
https://creativecommons.org/licenses/by-sa/3.0/legalcode*

*Prähistoriker Paul Grimm (1907–1993) aus Halle/Saale.
Foto: Professor Dr. Paul Grimm*

in Sitten betrachtet. Man hat sie einen Meter tief in den Boden eingegraben. Diese Menhire überragten die Erdoberfläche noch durchschnittlich um drei Meter. Sie stehen von Westen nach Osten verlaufend auf einer Wiese neben einer Straße in Sitten. Sechs dieser Menhire tragen anthropomorphe und geometrische Felsritzungen und Schälchen. Bereits 1878 entdeckte man am Ostrand der Stadt Yverdon-les-Bains im Kanton Waadt in zwei Reihen und drei Gruppen angeordnete 45 Menhire und Statuenmenhire, die man 1975 wieder entdeckte und aufstellte. Die frühesten dieser Menhire wurden von Angehörigen der Chassey-Lagozza-Cortaillod-Kultur errichtet. Manche der zwischen 0,45 und 4,50 Meter hohen Steinmale des sogenannten „Alignements von Clendy" in Yverdon-les-Bains haben geometrische und anthromorphe Formen. Aus der Zeit der Cortaillod-Kultur stammt eine Steinreihe aus elf Menhiren von der Fundstelle Treytel-A Sugiez bei Bevaix. Zwei dieser Steinmale sind zerbrochen und neun erhalten. 2002 entdeckte man in Bevaix zwei Statuenmenhire, die man wohl erst im 16. Jahrhundert vergraben hat. Der grössere Menhir ist etwa 3,35 Meter lang, 1,40 Meter breit und wiegt 2,8 Tonnen. Der kleinere hat eine Länge von 2,50 Metern, eine Breite von 0,90 Metern und ein Gewicht von 1,2 Tonnen. Wir wissen nicht, welche Bedeutung diese Menhire für ihre Schöpfer hatten. Der Prähistoriker Paul Grimm (1907–1993) aus Halle/Saale hielt sie 1952 für Opfersteine, an denen Kult- und Opferhandlungen vorgenommen wurden., bevor man Verstorbene bestattete. Nach einer anderen Interpretation des Koblenzer Archäologen Josef Röder (gestorben 1975) sollen die Menhire Opfersteine gewesen sein, in denen angeblich die Seelen der Toten wohnten, die an bestimmten Tagen am Zeremoniell von Opferhandlungen teilnehmen durften.

Berliner Prähistoriker Carl Schuchhardt (1859–1943).
Foto: Carl Human (1839–1896)
(via Wikimedia Commons),
Lizenz: gemeinfrei (Public domain)

*Statuenmenhir von der Fundstelle Treytel-A Sugiez in Bevaix im Kanton Neuenburg (Neuchâtel).
Original im Laténium, kantonales Museum für Archäologie in Neuchâtel, in Hauterive.
Foto: Thomas Jantscher (via Wikimedia Commons), Lizenz: gemeinfrei (Public domain)*

*Stele der Lagozza-Kultur mit stilisiertem Gesicht
von Lauris-Puyvert im französischen Département Vaucluse.
Größe 32 x 15 Zentimeter.
Original im Musée Calvet, Avignon.
Foto (via Wikimedia Commons),
Lizenz: gemeinfrei (Public doman)*

Zugleich sollen sie Ahnenbild und Ahnenkult verkörpert haben. Nach einer weiteren Theorie des damals in Heidelberg wirkenden Prähistorikers Horst Kirchner (1913–1990) galten Menhire als Ersatzleiber von Verstorbenen, wobei der Tote nicht unbedingt an diesem Ort begraben sein musste. Der Berliner Prähistoriker Carl Schuchhardt (1859–1943) deutete die Menhire als Seelenthrone für die Seele des Verstorbenen, die bei schönem Wetter als Vögel aus dem Innern der Gräber gekommen seien, um sich auf den Steinen zu sonnen und an dem ihnen huldigenden Spiel und Gesang der Hinterbliebenen zu erfreuen. Man erklärte die Menhire auch als steinerne Zeichen auf Gräbern, die an die Verstorbenen erinnern sollten. Der Archäologe Friedrich Sprater (1884–1952) aus Speyer brachte die Menhire mit einem Himmelskult in Verbindung, bei dem sie eine Art von Weltsäule darstellten. Die Menhire wurden von dem Archäologen Emil Linckenheld (1880–1967) aus Straßburg sogar als simple Grenzsteine der Ur- und Frühgeschichte bezeichnet. Dies dürfte aber nur für Grenzsteine aus der römischen Zeit zutreffen, die mit dem Jupiter-Terminus-Kult verknüpft waren und irrtümlich für Menhire gehalten wurden.

Anmerkungen

1] Als erster hat 1908 der französische Archäologe Joseph Dechelette (1861–1914) aus Roanne die Keramik der Fundstelle Champs de Chassey beschrieben. Der damals in Edinburgh wirkende Prähistoriker Vere Gordon Childe (1892–1957) verwendete 1931 als erster die Begriffe Chassey-Kultur. Chassey-Gruppe und Chassey-Typus. Der Name Cortaillod-Chassey-Lagozza-Gruppe wurde 1955 durch den Pariser Prähistoriker Gérard Baillou eingeführt.

2] Der Begriff Lagozza-Kultur wurde 1939 durch die italienische Prähistorikerin Pia Laviosa-Zambotti (1898–1966) aus Mailand eingeführt. Namengebender Fundort ist die 1875 in Lagozza di Beonate entdeckte Moorsiedlung.

3] Der Begriff Piora-Schwankung wurde 1960 von dem Basler Botaniker Heinrich Zoller (1923– 2009) vorgeschlagen.

4] Die Höhensiedlung auf dem Hügelzug Heidnischbühl wurde 1960/61 durch den Genfer Anthropologen und Prähistoriker Marc-Rodolphe Sauter (1914–1983) ausgegraben.

5] Die Entdeckungsgeschichte der Siedlung Sur-le-Grand-Pré in Saint-Léonard begann damit, dass der Tischler Georg Wolf aus Sitten 1956 im Abraum eines Quarzit-Steinbruches zahlreiche Tonscherben und Knochenreste fand und die zuständige Behörde davon informierte. 1957 bis 1959 und 1962 nahm Marc-Rodolphe Sauter (s. Anm. 4) Ausgrabungen vor.

6] Die Felszeichnungen von St. Léonard, Crete des Barmes, wurden 1974 durch den Genfer Archäologen Sébastien Favre entdeckt.

7] Die ersten Steinkistengräber von Chamblandes wurden 1880 durch Jules Barbey aus Chamblandes beim Fundamentieren seines Hauses entdeckt.

Literatur

ANTONIETTI, Thomas (Redaktion): Das Wallis vor der Geschichte. 14000 v. Chr. – 47 n. Chr. Kantonsmuseum, Sitten 1986.
AUBERT, Natacha: Paul Vouga. In: Historisches Lexikon der Schweiz, 20. Juli 2012. https://hls-dhs-dss.ch/de/articles/031448/2012-07-20/
BAILLOUD, Gérard / BOOFZHEIM, P. Mieg de: Les civilisations néolithiques de la France dans leur contexte europeen, Paris 1955.
BECKER, Cornelia / JOHANSSON, Friederike: Die neolithischen Ufersiedlungen von Twann. Tierknochenfunde, Bern 1981.
BIELMANN, Anne: Albert Naef. In: Histoire de l'histoire ancienne et de l'archeologie à l'Université de Lausanne 1537–1987, S. 61–70, Lausanne 1987.
FILIP, Jan: Cortaillod-Kultur. In: Enzyklopädisches Handbuch zur Ur- und Frühgeschichte Europas, Band I (A-K), S. 244, Stuttgart, Berlin, Köln, Mainz 1966.
FURGER, Alex / ORCEL, Alain / STÖCKLI, Werner / SUTER, Peter J.: Die Ausgrabungen der neolithischen Ufersiedlungen von Twann (1974–1976). In: Mitteilungsblatt der Schweizerischen Gesellschaft für Ur- und Frühgeschichte, S. 2–20, Basel 1977.
GALLAY-Alain: Marc-Rodolphe Sauter 1914–1983. In: Jahrbuch der Schweizerischen Gesellschaft für Ur - und Frühgeschichte, S. 253, Basel 1984.
GONZENBACH, Victorine von: Die Cortaillodkultur in der Schweiz. In: Monographien zur Ur- und Frühgeschichte der Schweiz, Basel 1949.

JAZDZEWSKI, Konrad: Die Cortaillod-Kultur. In: Urgeschichte Mitteleuropas, S. 166–168, Wroclaw 1984.
LANZ, Hanspeter: Emil Vogt. In: Historisches Lexikon der Schweiz, 13. August 2013.
https://hls-dhs-dss.ch/de/articles/009594/2013-08-13/
PROBST, Ernst: Deutschland in der Steinzeit. Jäger, Fischer und Bauern zwischen Nordseeküste und Alpenraum, München 1991.
SCHEFFRAHN, Wolfgang: Die menschlichen Populationen. In: Archäologie der Schweiz. Band II. Die Jüngere Steinzeit, S. 35–46, Basel 1969.
SCHWAB, Hanni: Hirschgeweihharpunen aus jungsteinzeitlichen Fundstellen des Kantons Freiburg. In: Jahrbuch der Schweizerischen Gesellschaft für Ur- und Frühgeschichte, S. 7–12 , Basel 1970.
SCHWAB, Hanni: Die Vergangenheit des Seelandes in neuem Licht. Archäologische Entdeckungen bei der 2. Juragewässerkorrektion, Schweiz 1973.
SCHWAB, Hanni: Historisches Museum Murten. Die archäologische Sammlung. Murten o. J.
VOGT, Emil: Zum schweizerischen Neolithikum. In: Germania. Anzeiger der Römisch-Germanischen Kommission des Deutschen Archäologischen Instituts, Band 18, S. 89–94, Berlin 1934.
VRUZ, Jean-Louis: Hommes et Dieux du Neolithique. Les statues-menhirs d'Yverdon. In: Jahrbuch der Schweizerischen Gesellschaft für Ur- und Frühgeschichte. Band 75, S. 37–64, Basel 1992.
WALKER, Richard. Megalithanlage Yverdon-les-Bains-Clendy. Analyse des Designs und archäoastronomischer Aspekte.
https://www.ursusmajor.ch/downloads/megalithanlage-yverdon-clendy-v-4_7.pdf

WÄHREN, Max: Brot und Getreidebrei von Twann aus dem 4. Jahrtausend vor Christus. In: Archäologie der Schweiz, S. 2–6, Basel 1984.
WYSS, René: Das jungsteinzeitliche Jäger- und Bauerndorf von Egolzwil 5 im Wauwilermoos. In: Archaeologische Forschungen, Zürich 1976.
WYSS, René: Die jungsteinzeitlichen Bauerndörfer von Egolzwil 4 im Wauwilermoos. In: Archaeologische Forschungen, (Bände 1–2), Zürich 1983, (Band 3), Zürich 1988.
WYSS, René: Die Bedeutung des Wauwilermooses für die Jungsteinzeitforschung. In: Archäologie der Schweiz, S. 40–52, Basel 1988.
WYSS, René: Jungsteinzeitliche Bauerndörfer im Wauwilermoos – neuere Forschungs- und Grabungsergebnisse. In: Gomolava – Chronologie und Stratigraphie der vorgeschichtlichen und antiken Kulturen der Donauniederung und Südosteuropas, S. 123–144, Novi Sad 1988.
ZYLMANN, Detlef: Das Rätsel der Menhire, Mainz-Kostheim 2003.

Autor Ernst Probst.
Foto Klaus Benz, Fotograf, Mainz-Laubenheim

Der Autor

Ernst Probst, geboren am 20. Januar 1946 in Neunburg vorm Wald im bayerischen Regierungsbezirk Oberpfalz, ist Journalist und Wissenschaftsautor. Er arbeitete von 1968 bis 1971 bei den „Nürnberger Nachrichten", von 1971 bis 1973 in der Zentralredaktion des „Ring Nordbayerischer Tageszeitungen" in Bayreuth und von 1973 bis 2001 bei der „Allgemeinen Zeitung", Mainz. In seiner Freizeit schrieb er Artikel für die „Frankfurter Allgemeine Zeitung", „Süddeutsche Zeitung", „Die Welt", „Frankfurter Rundschau", „Neue Zürcher Zeitung", „Tages-Anzeiger", Zürich, „Salzburger Nachrichten", „Die Zeit", „Rheinischer Merkur", „Deutsches Allgemeines Sonntagsblatt", „bild der wissenschaft", „kosmos", „Deutsche Presse-Agentur" (dpa), „Associated Press" (AP) und den „Deutschen Forschungsdienst" (df). Aus seiner Feder stammen die Bücher „Deutschland in der Urzeit" (1986), „Deutschland in der Steinzeit" (1991), „Rekorde der Urzeit" (1992), „Dinosaurier in Deutschland" (1993 zusammen mit Raymund Windolf) und „Deutschland in der Bronzezeit" (1996). Von 2001 bis 2006 betätigte sich Ernst Probst als Buchverleger sowie zeitweise als internationaler Fossilienhändler und Antiquitätenhändler. Insgesamt veröffentlichte er mehr als 300 Bücher, Taschenbücher, Broschüren und über 300 E-Books.

*Rekonstruktion einer Pfahlbausiedlung der Jungsteinzeit
beim Bahnhof Wauwil im Kanton Luzern.
Foto: Roland Zumbuehl / CC BY 3.0
(via Wikimedia Commons),
lizensiert unter Creative-Commons-Lizenz by-3.0-de,
https://creativecommons.org/licenses/by/3.0/legalcode*

Bücher von Ernst Probst

(Auswahl)

Als Mainz im Meer lag
Als Mainz noch nicht am Rhein lag
Christl-Marie Schultes. Die erste Fliegerin in Bayern
(zusammen mit Theo Lederer)
Der Europäische Jaguar
Der Mosbacher Löwe. Die riesige Raubkatze aus Wiesbaden
Der Rhein-Elefant. Das Schreckenstier von Eppelsheim
Der Schwarze Peter. Ein Räuber im Hunsrück und
Odenwald
Der Ur-Rhein. Rheinhessen vor zehn Millionen Jahren
Deutschland im Eiszeitalter
Deutschland in der Frühbronzezeit
Deutschland in der Mittelbronzezeit
Deutschland in der Spätbronzezeit
Die Aunjetitzer Kultur in Deutschland
Die Straubinger Kultur in Deutschland
Die Singener Gruppe
Die Arbon-Kultur in Deutschland
Die Ries-Gruppe und die Neckar-Gruppe
Die Adlerberg-Kultur
Der Sögel-Wohlde-Kreis
Die nordische Bronzezeit in Deutschland
Die Hügelgräber-Kultur in Deutschland
Die ältere Bronzezeit in Nordrhein-Westfalen
Die Bronzezeit in der Lüneburger Heide
Die Stader Gruppe
Die Oldenburg-emsländische Gruppe

Die Urnenfelder-Kultur in Deutschland
Die ältere Niederrheinische Grabhügel-Kultur
Die Unstrut-Gruppe
Die Helmsdorfer Gruppe
Die Saalemündungs-Gruppe
Die Lausitzer Kultur in Deutschland
Die Dolchzahnkatze Megantereon
Die Dolchzahnkatze Smilodon
Die Säbelzahnkatze Homotherium
Die Säbelzahnkatze Machairodus
Die Schweiz in der Frühbronzezeit
Die Rhône-Kultur in der Westschweiz
Die Arbon-Kultur in der Schweiz
Die Schweiz in der Mittelbronzezeit
Die Schweiz in der Spätbronzezeit
Dinosaurier von A bis K. Von Abelisaurus bis zu Kritosaurus
Dinosaurier von L bis Z. Von Labocania bis zu Zupaysaurus
Der rätselhafte Spinosaurus. Leben und Werk des Forschers Ernst Stromer von Reichenbach
Eiszeitliche Geparde in Deutschland
Eiszeitliche Leoparden in Deutschland
Frauen im Weltall
Hildegard von Bingen. Die deutsche Prophetin
Höhlenlöwen. Raubkatzen im Eiszeitalter
Julchen Blasius. Die Räuberbraut des Schinderhannes
Johann Jakob Kaup. Der große Naturforscher aus Darmstadt
Königinnen der Lüfte
Königinnen der Lüfte in Deutschland
Königinnen der Lüfte in Europa
Königinnen der Lüfte in Frankreich

Königinnen der Lüfte in England und Australien
Königinnen der Lüfte in Amerika
Königinnen der Lüfte von A bis Z
Königinnen des Tanzes
Malende Superfrauen
Meine Worte sind wie die Sterne Die Entstehung der Rede des Häuptlings Seattle (zusammen mit Sonja Probst, verheiratete Werner)
Monstern auf der Spur. Wie die Sagen über Drachen, Riesen und Einhörner entstanden
Neues vom Ur-Rhein. Interview mit dem Geologen und Paläontologen Dr. Jens Sommer
Österreich in der Frühbronzezeit
Österreich in der Mittelbronzezeit
Österreich in der Spätbronzezeit
Pompadour und Dubarry. Die Mätressen von Louis XV.
Raub-Dinosaurier von A bis Z. Mit Zeichnungen von Dmitry Bogdanav und Nobu Tamura
Rekorde der Urmenschen. Erfindungen, Kunst und Religion
Rekorde der Urzeit. Landschaften, Pflanzen und Tiere
Säbelzahnkatzen. Von Machairodus bis zu Smilodon
Säbelzahntiger am Ur-Rhein. Machairodus und Paramachairodus
Superfrauen aus dem Wilden Westen
Superfrauen 1 – Geschichte
Superfrauen 2 – Religion
Superfrauen 3 – Politik
Superfrauen 4 – Wirtschaft und Verkehr
Superfrauen 5 – Wissenschaft
Superfrauen 6 – Medizin
Superfrauen 7 – Film und Theater
Superfrauen 8 – Literatur

Superfrauen 9 – Malerei und Fotografie
Superfrauen 10 – Musik und Tanz
Superfrauen 11 – Feminismus und Familie
Superfrauen 12 – Sport
Superfrauen 13 – Mode und Kosmetik
Superfrauen 14 – Medien und Astrologie
Tony und Bruno Werntgen. Zwei Leben für die Luftfahrt (zusammen mit Paul Wirtz)
Was ist ein Menhir? Interview mit dem Mainzer Archäologen Dr. Detert Zylmann
Wer ist der kleinste Dinosaurier? Interviews mit dem Wissenschaftsautor Ernst Probst
Wer war der Stammvater der Insekten? Interview mit dem Stuttgarter Biologen und Paläontologen Dr. Günther Bechly
6000 Jahre Kastel. Von der Steinzeit bis zum 21. Jahrhundert
5000 Jahre Kostheim. Von der Steinzeit bis zum 21. Jahrhundert
Kastel in der Vorzeit. Von der Jungsteinzeit bis Christi Geburt
Kostheim in der Vorzeit. Von der Jungsteinzeit bis Christi Geburt
Wiesbaden in der Steinzeit
Anno 1.000.000. Deutschland in der älteren Altsteinzeit
Das Protoacheuléen. Eine Kulturstufe der Altsteinzeit vor etwa 1,2 Millionen bis 600.000 Jahren
Das Altacheuléen. Eine Kulturstufe der Altsteinzeit vor etwa 600.000 bis 350.000 Jahren
Das Jungacheuléen. Eine Kulturstufe der Altsteinzeit vor etwa 350.000 bis 150.000 Jahren
Das Spätacheuléen. Eine Kulturstufe der Altsteinzeit vor etwa 150.000 bis 100.000 Jahren
Die Lanze von Lehringen. Der Jahrhundertfund aus der

Altsteinzeit
Das Moustérien. Die große Zeit der Neanderthaler
Das Aurignacien. Eine Kulturstufe der Altsteinzeit vor etwa
40.000 bis 31.000 Jahren
Das Gravettien. Eine Kulturstufe der Altsteinzeit vor etwa
35.000 bis 24.000 Jahren
Das Magdalénien. Eine Kultustufe der Altsteinzeit vor etwa
18.000 bis 12.000 Jahren
Die Hamburger Kultur. Eine Kulturstufe der Altsteinzeit vor
etwa 15.700 bis 14.200 Jahren
Die Federmesser-Gruppe. Eine Kulturstufe der Altsteinzeit vor
etwa 14.000 bis 12.800 Jahren
Das Steinzeit-Grab von Bonn-Oberkassel. Ein rätselhafter
Fund aus der Zeit der Federmesser-Gruppen
Die Ahrensburger Kultur. Eine Kulturstufe der Altsteinzeit
vor etwa 12.700 bis 11.650 Jahren
Die Altsteinzeit in Österreich. Jäger und Sammler vor
250.000 bis 10.000 Jahren
Das Jungacheuléen in Österreich
Das Moustérien in Österreich
Das Aurignacien in Österreich
Das Gravettien in Österreich
Das Magdalénien in Österreich
Das Magdalénien in der Schweiz
Die Mittelsteinzeit
Deutschland in der Mittelsteinzeit
Die Mittelsteinzeit in Baden-Württemberg
Die Mittelsteinzeit in Bayern
Die Mittelsteinzeit in Rheinland-Pfalz
Die Mittelsteinzeit in Hessen
Die Mittelsteinzeit in Nordrhein-Westfalen

Die Mittelsteinzeit in Niedersachsen
Die Mittelsteinzeit in Thüringen, Sachsen-Anhalt, Sachsen und im südlichen Brandenburg
Die Mittelsteinzeit in Schleswig-Holstein, Mecklenburg und im nördlichen Brandenburg
Die Jungsteinzeit. Eine Periode der Steinzeit vor etwa 5.500 bis 2.300 v. Chr.
Die ersten Bauern in Deutschland. Die Linienbandkeramische Kultur (5.500 bis 4.900 v. Chr.)
Die Ertebölle-Ellerbek-Kultur. Eine Kultur der Jungsteinzeit vor etwa 5.000 bis 4.300 v. Chr.
Die Stichbandkeramik. Eine Kultur der Jungsteinzeit vor etwa 4.900 bis 4.500 v. Chr.
Die Oberlauterbacher Gruppe. Eine Kulturstufe der Jungsteinzeit vor etwa 4.900 bis 4.500 v. Chr.
Die Hinkelstein-Gruppe. Eine Kulturstufe der Jungsteinzeit vor etwa 4.900 bis 4.800 v. Chr.
Die Rössener Kultur. Eine Kultur der Jungsteinzeit vor etwa 4.600 bis 4.300 v. Chr.
Die Kupferzeit. Wie die ersten Metalle in Mitteleuropa bekannt wurden
Die Michelsberger Kultur. Eine Kultur der Jungsteinzeit vor etwa 4.300 bis 3.500 v. Chr.
Das Rätsel der Großsteingräber. Die nordwestdeutsche Trichterbecher-Kultur vor etwa 4.300 bis 3.000 v. Chr.
Die Baalberger Kultur. Eine Kultur der Jungsteinzeit vor etwa 4.300 bis 3.700 v. Chr.
Pfahlbauten in Süddeutschland. Dörfer der Jungsteinzeit und Bronzezeit an Seen, Mooren und Flüssen
Die Altheimer Kultur / Die Pollinger Gruppe. Zwei Kulturen der Jungsteinzeit vor etwa 3.900 bis 3.500 v. Chr.
Die Salzmünder Kultur. Eine Kultur der Jungsteinzeit vor

etwa 3.700 bis 3.200 v. Chr.
Die Chamer Gruppe. Eine Kulturstufe der Jungsteinzeit vor etwa 3.500 bis 2.800 v. Chr.
Die Wartberg-Kultur. Eine Kultur der Jungsteinzeit vor etwa 3.500 bis 2.800 v. Chr.
Die Walternienburg-Bernburger Kultur. Eine Kultur der Jungsteinzeit vor etwa 3.200 bis 2.800 v. Chr.
Die Kugelamphoren-Kultur. Eine Kultur der Jungsteinzeit vor etwa 3.100 bis 2.700 v. Chr.
Die Schnurkeramischen Kulturen. Kulturen der Jungsteinzeit von etwa 2.800 bis 2.400 v. Chr.
Die Einzelgrab-Kultur. Eine Kultur der Jungsteinzeit vor etwa 2.800 bis 2.300 v. Chr.
Die Schönfelder Kultur. Eine Kultur der Jungsteinzeit vor etwa 2.800 bis 2.200 v. Chr.
Die Glockenbecher-Kultur. Eine Kultur der Jungsteinzeit vor etwa 2.500 bis 2.200 v. Chr.
Die ersten Bauern in Österreich. Die Linienbandkeramische Kultur vor etwa 5.500 bis 4.900 v. Chr.
Die Lengyel-Kultur in Österreich. Eine Kultur der Jungsteinzeit vor etwa 4.900 bis 4.400 v. Chr.
Die Mondsee-Gruppe. Eine Kulturstufe der Jungsteinzeit vor etwa 3.700 bis 2.900 v. Chr.
Die Badener Kultur in Österreich. Eine Kultur der Jungsteinzeit vor etwa 3.600 bis 2.900 v. Chr.
Die ersten Pfahlbauten in der Schweiz. Die Anfänge der Pfahlbauforschung und die Egolzwiler Kultur
Die Cortaillod-Kultur. Eine Kultur der Jungsteinzeit vor etwa 4.000 bis 3.500 v. Chr.
Die Pfyner Kultur in der Schweiz. Eine Kultur der Jungsteinzeit vor etwa 4.000 bis 3.500 v. Chr.
Die Horgener Kultur in der Schweiz. Eine Kultur der

Jungsteinzeit vor etwa 3.500 bis 2.800 v. Chr.
Die Schnurkeramiker in der Schweiz. Eine Kultur der Jungsteinzeit vor etwa 2.800 bis 2.400 v. Chr.

*Cortaillod am Neuenburger See im Kanton Neuenvburg.
An diesen Ort erinnert der Begriff Cortaillod-Kultur.
Foto: Vbotteron (via Wikimedia Commons),
Lizenz: gemeinfrei (Public domain)*

www.ingramcontent.com/pod-product-compliance
Lightning Source LLC
Chambersburg PA
CBHW070816220526
45466CB00002B/684